Bibliografische Information der Deutschen Nationalbibliothek:

Die Deutsche Bibliothek verzeichnet diese Publikation in der Deutschen Nationalbibliografie; detaillierte bibliografische Daten sind im Internet über http://dnb.d-nb.de/ abrufbar.

Impressum:

Druck und Bindung: Books on Demand GmbH, Norderstedt Germany
ISBN: 9783346102904

Dieses Buch bei GRIN:

https://www.grin.com/document/512863

Parisa Mohammadshahi

Anwendung von Gashydraten in der Lebensmitteltechnologie

GRIN Verlag

Anwendung von Gashydraten in der Lebensmitteltechnologie

Technische Universität Berlin
Fakultät III
Institut für Lebensmitteltechnologie und -chemie
Fachgebiet Lebensmittelbiotechnologie und Prozess Technik

Verfasserin: Parisa Mohammadshahi

Studienrichtung : Lebensmitteltechnologie

Berlin, 2019

Inhaltsverzeichnis

Abbildungsverzeichnis

Tabellenverzeichnis

Verzeichnis der Abkürzungen

SPSS....................Statistical Package for the Social Science

TEAC....................Trolox äquivalent Antioxidantien

HPLC....................High performance liquid chromatography

CXF.................... Combined method of xenon hydrate formation and freezing

FAP....................Freezing alone process

O-PPO....................O-Polyphenoloxidasen

RPHPLC....................Reversed-phase high-performance liquid chromatography

Summary

In this project, the concentration process via gas hydrate formation of tomato juice and orange juice was considered and the effects of temperature and pressure (Li et al. 2015) examined.

The results showed that the removal of water through the Formation of Co2 hydrate is an efficient technology (Li et al., 2015). In addition, other processes in food technology involving the formation of gas hydrates were also considered. For example CXF, which works differently than the concentration process?

The CXF could maintain apple parenchyma tissue more effectively than FAP. The texture quality and cellular integrity of CXF samples were found to be as good as that of fresh samples (Arunyanart et al. 2014).

In addition, the study by the University of Natural Resources and Life Sciences in Vienna was considered to see what health-related differences there are between organic and conventional apple juice.

In addition, this work provides an overview of various methods for determining the parameters that determine the quality of apple juice (e.g. HPLC method for vitamin analysis or enzymes).
Finally, organic apple juices showed higher concentrations of health-relevant such as vitamin C (Garnweidner, 2006).

Statistical methods and evaluations play an important role in the summary of the experiments and therefore they were also considered in this work.

A test plan was set up to examine two different apple juices. A conventional juice should be compared to an apple juice made with gas hydrates.

Four different examination methods were chosen, which means that each sample should be measured at least 8 times and the results should be statistically evaluated. Apple juice with gas hydrates was suspected to be of better quality than conventional apple juice because it was not thermally treated.

Zusammenfassung

In diesem Projekt wurde das Konzentrationsverfahren über Gashydratbildung von Tomatensaft und Orangensaft betrachtet und die Auswirkungen von Temperatur und Druck untersucht.
Die Ergebnisse zeigten, dass die Entfernung von Wasser durch Bildung von CO2 Hydrat eine effiziente Technologie ist (Li et al., 2015). Zusätzlich wurden auch andere Verfahren der Lebensmitteltechnologie, die die Bildung von Gashydraten beinhalten, betrachtet. Zum Beispiel CXF, welches anders als die Konzentrationsverfahren funktioniert.
Der CXF könnte das Apfelparenchymgewebe wirksamer erhalten als FAP. Es zeigte sich, dass die Texturqualität und die zelluläre Integrität von CXF-Proben genauso gut waren wie die von frischen Proben (Arunyanart et al. 2014).

Außerdem wurde die Untersuchung von Universität Bodenkultur in Wien betrachtet um zu gucken welche gesundheitsrelevanten Unterschiede es zwischen biologischem und konventionellem Apfelsaft gibt. Schließlich zeigten biologische Apfelsäfte höhere Konzentrationen an gesundheitsrelevanten Inhaltsstoffen, wie z.B Vitamin C (Garnweidner, 2006)

Zusätzlich gibt diese Arbeit einen Überblick über verschiedene Methoden zur Bestimmung der Parameter, die die Qualität des Apfelsaftes bestimmen (z.B. HPLC Methode für Vitamin Analyse oder Enzyme).
Statistische Methoden und Auswertungen spielen eine wichtige Rolle für die Zusammenfassung der Experimente und deshalb wurden sie in dieser Arbeit ebenfalls betrachtet.
Es wurde ein Versuchplan zur Untersuchung zwei verschiedener Apfelsäfte aufgestellt. Ein Konventionelle Saft (Thermisch behandelte Saft) soll mit einem Apfelsaft verglichen werden, der mit Gashydraten hergestellt wurde.
Es wurden vier unterschiedliche Untersuchungsmethoden gewählt, das bedeutet, jede Probe sollte mindestens 8 mal gemessen und die Ergebnisse statistisch ausgewertet werden. Es wurde vermutet, dass Apfelsaft mit Gashydraten eine bessere Qualität als konventioneller Apfelsaft hat, weil er nicht thermisch behandelt wurde.

1. Einleitung und Zielstellung

In Rahmen der innovativen Saftherstellung wird stets nach neuen Möglichkeiten zur Verbesserung der Produkteigenschaften gesucht. Der Fokus liegt dabei auf der Qualität des Saftes und der Kostensenkung. Außerdem soll auch ein Mehrwert generiert werden. Dies geschieht durch die gezielte Verwendung von Gashydraten in der Saft- oder Lebensmitteltechnologie. (Li et al. 2014)

In diesem Projekt werden verschiedene Möglichkeiten und Methoden der Anwendungen von Gashydraten in der Lebensmitteltechnologie betrachtet. Zum Beispiel wurde bei der Frucht- und Gemüsesaftkonzentration die Anwendung von Gashydraten als eine sinnvolle Alternative zur thermischen Saftkonzentrierung betrachtet. Außerdem wurde die kombinierte Methode der Xenonhydratbildung und des Einfrierens mit anderen Methoden bezüglich der Qualität von Obst verglichen.

Im Mittelpunkt dieser Arbeit soll die Anwendung von Gashydraten zur Herstellung von Apfelsaft stehen.

Epidemiologische Studien zeigen den Äpfeln ein krebsvorbeugendes Potential auf, zum Beispiel bei Lungen und Dickdarmkrebs. Der Verzehr von mindestens einem Apfel pro Tag reduziert das Risiko, an Dickdarm-, Brust- und Kehlkopfkrebs zu erkranken (Hümmer, 2009).

Zielstellung der Untersuchung war es, die Methoden zur Qualitätsbestimmung des Apfelsaftes zu beschreiben und das Potential des gashydrat-behandelten Saftes vorherzusagen und mit dem konventionellen zu vergleichen. Dazu wurden vier verschiedene Parameter (Farbe, Vitamine, Enzyme und Antioxidantien in Apfelsaft) untersucht und mit konventionellem Apfelsaft verglichen.

Außerdem wurde der Einfluss von Zeit, Temperatur und Druck während des Prozesses untersucht. Zusätzlich wurden Qualitätsunterschiede zwischen biologischen Apfelsäften und konventionellen Säften betrachtet.

Zur Analyse des Apfelsaftes wurden folgende Methoden gewählt: HPLC, Spektrophotometrischer Bestimmung, Reflectoquant System und RPHPLC. Für die statistische Auswertung wurden zusätzlich die Programme Windows Excel, SPSS 11 sowie SPSS 12 verwendet.

2. Einführung

2.1 Eigenschaften von Gashydraten

Gashydrate sind nichtstöchiometrische kristalline Einschlussverbindungen, die sich durch die Kombination von Wasser und "Gas" -Molekülen geeigneter Größe bilden. Typischerweise bilden sich die Gashydraten unter Bedingungen niedriger Temperatur und erhöhten Drucks in einer exothermen Reaktion (Li et al. 2015). Die Gashydrattechnologie ist seit langem bekannt, aber erst vor kurzem wurde das Interesse der Lebensmitteltechnologie an den Gashydraten geweckt (Claßen, 2019). Im Folgenden werden Anwendung von Gashydraten in Frucht- und Gemüsesaftkonzentration miteinander verglichen.

2.2 Fruchtsaftkonzentration

Die Fruchtsaftkonzentration ist ein Verfahren, um Saft zu konservieren und zu transportieren (Li et al., 2014). Um die Kosten für Verpackung und Lagerung während des Transportes zu senken, werden Fruchtsäfte normalerweise konzentriert (Li et al. 2014). Außerdem sieht man, dass die Konzentrate durch die erhöhte Trockenmasse (60-75%) in chemischer und mikrobiologischer Hinsicht stabiler als die Direktsäfte sind. Die üblichen Prinzipien der Konzentration sind zum Beispiel das Eindampfen, Gefrierkonzentrierung oder Membranfiltration (Belitz et al.,1982). Die Methode für konventionelle Apfelsaft ist das Apfelsaftkonzentrat aus dem Saft durch Entzug von ca. 50 % Wasser mittels Vakuumverdampfer zu produzieren (Töpfer, 1999). Eine neue innovative Methode ist die Konzentrierung der Säfte mit Gashydraten. Da dies ein nicht thermisches Konservierungsverfahren ist (Li, 2015), wird mit niedrigeren Temperaturen gearbeitet, wodurch Kosten gespart werden können (Li, 2014).

2.3 Gemüsesaftkonzentration

Die Tomatensaftkonzentration durch die Bildung von Gashydraten ist eine neuartige Methode. Der Einfluss von Druck, Temperatur und Volumen auf die Aufkonzentrierungseffizienz und die optimalen Betriebsbedingungen wurden von Shifeng et al. 2015 untersucht. Es werden eine bestimmte Temperatur und ein bestimmter Druck verwendet, um die beste Aufkonzentrierung zu schaffen. Im Folgenden wird die Methode beschrieben.

2.4 Saft Konzentrierung

Material und Methoden

CO2-Hydratphasengleichgewicht

Der Reaktor wurde für einen Druck von bis zu 25 MPa ausgelegt und die Temperatur des Reaktors wurde durch Thermostat mit einer Stabilität von ± 0,1 K um die Zelle gesteuert. Es wurden zwei Pt100-Widerstandsthermometer mit Genauigkeit von 0,1 K verwendet, um die Temperatur des Reaktors zu kontrollieren. Der Druck wurde also gemessen. Die Hydratgleichgewichtsbedingungen wurden durch isochoren Druck gemessen (Li et al., 2015). Danach wurden die Flüssigkeiten (ungefähr 120 ml) in das temperaturgeregelte Bad eingetaucht. Dann wurde Kohlendioxidgas in die evakuierte Zelle eingeführt bis der gewünschte Druck erreicht wird. Der Rührer wurde gestartet, nachdem sich Temperatur und Druck stabilisiert hatten, wurde anschließend die Temperatur gesenkt, um das Hydrat zu bilden. Die Hydratbildung in der Zelle wurde durch den Druckabfall und Temperaturanstieg festgestellt. Die Temperatur wurde dann in Schritten von 0,1 K erhöht. Es dauert mehrere Stunden, um einen Gleichgewichtszustand in der Zelle zu erreichen (Li et al. 2014).

Safthydratkonzentrationsexperiment:

Der Reaktor wurde bei 275,8 K abgekühlt, nachdem 100 ml Saftlösung in den evakuierten Reaktor eingeführt worden waren. Der Reaktor wurde nach Stabilisierung der Zelltemperatur abgesaugt und dann wurde Gashydrat in die Zelle eingefüllt, bis der gegebene Druck erreicht war (Li et al. 2014). Das Gashydrate-Einlassventil wurde geschlossen und der Rührer wurde gestartet, um die Hydratbildung zu initiieren (500 U / min). Während des Versuchs wurden die Temperatur und der Druck aufgezeichnet. Nachdem die Hydratbildung beendet war, wurde der Rührer angehalten (Li et al., 2015).

Rechenmethode:

Die Molzahl während der Hydratbildung kann so berechnet werden (Li et al., 2015).

$$\Delta n = n_f - n_e = \frac{P_f V_g}{z_f RT} - \frac{P_e V_g}{z_e RT}$$

2.5 Schlussfolgerung

Ein neuartiges trennverfahren für die Tomatenkonzentration ist CO2-Hydratbildung. Die Experimente wurden unter verschiedenen Bedingungen des Einsatzdrucks, des Saftvolumen, der Rührgeschwindigkeit und der Temperatur durchgeführt. Die Ergebnisse des Hydratgleichgewichts zeigen, dass der in dieser Methode verwendete Tomatensaft die CO2-Hydratbildung beschleunigen kann (Li et al., 2015).

Vorteil der Tomatensaftkonzentration mit Gashydraten ist das maximale Dehydratisierungsverhältnis von 63,2 %. Dieses wurde bei einem Druck von 3,95 MPa erreicht. Die Konstanten der CO2-Hydratbildungsrate nahmen mit dem ansteigenden Druck zu (von 1.81 bis 3.95) (Li et al., 2015). Das heißt man kann mit bestimmtem Druck und niedriger Temperatur die optimale Konzentration schaffen.

Durch die Bildung von CO2 wurde bei der Orangensaftkonzentrierung der Einfluss von Speisedruck, Temperatur, Saftvolumen und Rührgeschwindigkeit untersucht (Li et al., 2014). Die Vitamine werden also nicht durch Hitze beschädigt, weil die Temperatur (274,8 bis 279.8 K) niedrig ist (Li et al. 2015). Materialien und Methode sind für Frucht- und Gemüsesaftkonzentration gleich. Zusätzlich werden beide Verfahren durch die niedrigere Temperatur im Vergleich mit der thermischen Konzentration gekennzeichnet.

Vorteile der Saftkonzentration sind, dass man für die Produktion weniger Energie benötigt und durch den höheren Druck und die niedrigere Temperatur kann man trotzdem eine optimale Konzentration erhalten (Li et al. 2014).

Das Dehydratisierungsverhältnis stieg mit zunehmendem Druck und abnehmender Temperatur. Dadurch braucht man für die Produktion weniger Energie. Die Kosten werden gesenkt und das Vitamin C bleibt erhalten (Li et al. 2015). Es ist davon auszugehen, dass der gashydrat-behandelte Saft gesünder ist als der thermisch behandelte, weil er mehr Vitamine enthält.

Aber ein Nachteil der Saftkonzentration ist, dass die Richtgeschwindigkeit fast keinen Einfluss auf das Dehydratisierungsverhältnis hat. Also mit niedrigen Druck bekommt man nicht das optimale Orangensaftvolumen (Li et al. 2014).

3. Kombinierte Methode der Xenonhydratbildung und des Einfrierens

Eine neue Methode zur Konservierung von Apfelgewebe ist die Xenonhydratbildung kombiniert mit dem Einfrieren. Materialien und Methode unterscheiden sich im Vergleich zu der Frucht- und Gemüsesaftkonzentration. Die Anwendung von Gashydraten in der Lebensmitteltechnologie ist also nicht nur für Saftkonzentration geeignet, sondern hat auch Einfluss auf die Qualität von gefrorenem Obst.

Das Einfrieren ist eine ausgezeichnete Methode zur Konservierung und Lagerung von Früchten in der Lebensmittelindustrie. Die dabei entstehenden Eiskristalle dehnen die Gewebematrix allerdings aus, was zu Veränderungen des Zellvolumens und zu einer Schädigung der Zellstruktur führt (Arunyanart et al. 2015). Die Verwendung von Temperaturen zwischen -18 und -25 °C beschreibt das Gefrieren (Ferri, 2018). Gefrorenes Wasser ist für Mikroorganismen und chemische Reaktionen nicht verfügbar, diese Reaktionen werden aber nicht vollständig gestoppt (Bahceci et al. 2005). Die Immobilisierung von Wasser zu Eis verringert aber die Wasseraktivität (aw) der Nahrung (Bahceci et al. 2005).

Es wurde bei dieser Methode untersucht, wie die Qualität von gefrorenen Früchten unter Verwendung neuartiger Konservierungstechniken verbessert werden kann (Arunyanart et al. 2014), weil die Qualität von Obst in Bezug auf Farbe, Textur und Geschmack für die Verbraucher wichtig ist (Ferri, 2018). Diese Technik zielt darauf ab, den Wassergehalt in Lebensmittelmaterialien durch Eintauchen in eine wässrige Lösung vor dem Einfrieren zu verringern. Vor kurzem wurde die Xenonhydratbildung als innovative Technik zur Konservierung landwirtschaftlicher Produkte eingeführt. Xenon gas wird aufgrund seiner unpolaren Natur und seiner fehlenden Reaktion mit biologischen Materialien zur Konservierung landwirtschaftlicher Produkte verwendet (Arunyanart et al. 2015).

Die Ergebnisse der Verwendung von Xenonhydrat zur Konservierung von Agrarerzeugnissen hatten eine Einschränkung, da die Erhöhung der Xenonhydratmenge mit der Lagerzeit zu einer Schädigung von Zellen und Gewebe führt (Arunyanart et al. 2015). Das heißt, dass das Verfahren nach einer bestimmten Zeit beendet sein sollte, weil sonst keine optimalen Ergebnisse erzielt werden können.

Die Verringerung der durch die Eiskristalle verursachten Frostschäden ist ein Schlüsselfaktor für die Konservierung von gefrorenen Früchten, da Früchte eine große Menge Wasser enthalten. Die Zellstruktur könnte durch Eiskristalle während des Gefrierens zerstört werden. Die Xenonhydratbildung wird als innovative Technologie zur Konservierung von Früchten angesehen, die sich voraussichtlich für die Tiefkühlkostindustrie eignet. Ziel der Untersuchung war ein Vergleich der neuen kombinierten Methode der Xenonhydratbildung und des Einfrierens (CXF) mit dem konventionellen Einfrierverfahren (FAP) (Arunyanart et al, 2014). Das konservierte Obst wird auf Farbe, Gleichmäßigkeit von Größe und Form, Fehlerfreiheit und Textur bewertet (Ferri, 2018).

3.1 NMR-Messung der Menge an Monohydrat

Zuerst wurden die Äpfel gewaschen (Ferri, 2018), dann in einen 4 mm x 4 mm x 10 mm großen Gewebeblock geschnitten. Für die Messung wurde Festecho-NMR verwendet um die Menge an Xenonhydrat in einer Apfelparenchym- Gewebeprobe zu messen (Arunyanart et al. 2014). Für das CXF-Verfahren wurde zuerst die optimale Xenonhydratbildung bestimmt und danach wurde die mit Xenonhydrat behandelte Probe bei -20°C eingefroren. Die Xenonhydratbildung wurde durchgeführt, indem ein Apfelgewebeblock in eine Glasröhre mit kernmagnetischer Resonanz (NMR) gegeben wurde. Das Experiment wurde unter einem Xenon- Druck von 1,0 MPa bei 1°C durchgeführt (Arunyanart et al. 2015). Zur Bestimmung die Textur der Proben wurde der Texturanalysator verwendet. Der Penetrationstest wurde als 20 mm in Proben eingestellt. Die Messung wurde für jede Probe 5 mal wiederholt (Arunyanart et al. 2014).

3.1 NMR-Messung des Wassergehalts

Das Relaxationszeit-NMR wurde verwendet (Götz, 2019), um den Wassergehalt in der Zellstruktur der Proben zu bestimmen, wurde Relaxationszeit-NMR verwendet (Arunyanart et al. 2015). Für die Messung Spin-Spin-Relaxationszeit von Protonen bei 20 °C wurde ein gepulstes 25-MHz-NMR-Spektrometer verwendet (Arunyanart et al. 2014).

3.2 NMR-Messungen des Selbstdiffusionskoeffizienten

Zur Messung Selbstdiffusionskoeffizienten (D) von Wassermolekülen in den Proben wurde Stimuliertes Echo-NMR verwendet und die Messung wurde bei 20 °C unter Normaldruck durchgeführt (Arunyanart et al. 2015) und das Gewebe wurde für 2, 4 und 7 Tage unter einem Xenongasdruck von 1,0 MPa bei 1°C gelagert. Die Ergebnisse zeigen, das Xenonhydrat nach einer Lagerung von 2 Tagen gebildet wurde. Durch die NMR-Technik wurde die Menge an Xenonhydrat im Apfelparenchymgewebe bestimmt (Arunyanart et al. 2014).

3.4 Schlussfolgerung

Vorteile sind, dass der CXF für das Apfelparenchymgewebe wirksamer ist als das FAP. Die Ergebnisse zeigen, dass die Texturqualität und die zelluläre Integrität von CXF-Proben genauso gut wie frischen Proben waren. CXF kann also als innovative Technik zur Konservierung von tiefgefrorenen Obstprodukten eingesetzt werden (Arunyanart et al. 2014).
Ein Nachteil ist, dass die Verwendung von Xenonhydrat zur Konservierung von Agrarerzeugnissen eine Einschränkung hat, da die Erhöhung der Xenonhydratmenge mit der Zeit zu einer Schädigung von Zellen und Gewebe führt (Arunyanart et al. 2015).
Bis jetzt haben wir gesehen, dass Gashydrate mit unterschiedlichen Methoden und Zwecken in der Lebensmitteltechnologie benutzt werden können.
Im Folgenden geht es um die Qualitätsbestimmung von Apfelsaft. Außerdem soll der Apfelsaft, der mit Gashydraten behandelt wurde mit dem thermisch konzentrierten Saft vergleichen werden.

4. Apfelsaft

Im Jahr 2013 war Apfelsaft mit 8,4 Litern Verbrauch pro Kopf der beliebteste Fruchtsaft (Knebel, 2015). Im Vergleich mit Deutschland ist Apfelsaft im Iran nicht beliebt.

Für die Herstellung von Apfelsaft werden Vollreife und gesunde Äpfel verwendet. Unreife Äpfel haben einen schwachen Geschmack (Kahle, 2008). Heutzutage haben Fruchtsäfte in ihrem ernährungsphysiologischen Wert eine wichtige Bedeutung. Die wichtigsten Polyphenole in den Säften sind die Säuren. Die Flavonole sind in Spuren nachweisbar (Hümmer, 2009). In diesem Projekt werden verschiedene Apfelsäfte und Saftgewinnungsmethoden miteinander verglichen, um festzustellen, welcher Saft die beste Qualität hat.

Die Technologie der Saftgewinnung hat einen wichtigen Einfluss auf den Polyphenolgehalt des Saftes. Die Maische wird zur Erhöhung der Saftausbeute mit pektinolytischen Enzymen vermischt, dies führt zur Verringerung des Polyphenolgehaltes und der Flavonoide. Eine andere Abnahme des Flavonoidgehaltes passiert bei der Klärung des Saftes (Hümmer, 2009). Bei trüben Säften konnte ein höherer Polyphenolgehalt im Vergleich zu klaren nachgewiesen werden (Majchrzak, 2009). Im Weiteren werden die Methoden für die Bestimmung der Qualität von Apfelsaft betrachtet

4.1 Polyphenole (Antioxidans)

Zur Bestimmung des Gesamtphenolgehalts im Apfelsaft werden verschiedene Methoden betrachtet. Antioxidantien spielen eine große Rolle für die Gesundheit. Polyphenole sind natürliche organische Verbindungen, die in Früchten und Gemüse vorkommen. Sie können freie Radikale effektiv entfernen (Li et al. 2014) und führen zu einem bitteren Geschmack des Apfelsaftes (Garnweidner, 2006). Bei der Analytik der Polyphenole ist die wichtigste Methode RPHPLC mit UV Detektion. Alternativ sind HPLC Verfahren und TEAC andere Möglichkeiten (Hümmer, 2009). Der naturtrübe Apfelsaft besitzt in Vergleich zu dem klaren Saft größere Anti oxidative Eigenschaften (T. Knebel, 2015). Jede dieser Methoden ist gut geeignet, um die Polyphenole zu bestimmen.

4.2 Farbe des Apfelsaftes

Das Aussehen ist das wichtigste Qualitätsmerkmal von frischen Lebensmitteln. Zum Beispiel gehören dazu Größe, Form, Textur, und auch Glanz und Farbe. Für die Produktakzeptanz des Apfelsaftes ist die Farbe ein sehr wichtiger Qualitätsparameter. Der Verbraucher entscheidet so intuitiv, ob er das Produkt annimmt oder nicht und bewertet es auch (Pankaj B et al., 2013). Während der Lagerung bei Raumtemperatur kommt es zu Farbveränderungen von Apfelsaft, was Haltbarkeitsbegrenzungen und auch Geschmacksveränderungen zur Folge haben kann. Die Farbe wird mit der Qualität des Saftes assoziiert (Zachert, 2015).
Farbmerkmale können auch verwendet werden, um Fehler in Lebensmitteln festzustellen oder Produkte in unterschiedliche Qualitäten zu klassifizieren (Pankaj et al. 2013). Mit Hilfe der Farbe kann auch ein Rückschluss auf die Qualität von Obst oder Saft gezogen werden.

Farbe spielt eine Schlüsselrolle bei der Auswahl von Lebensmitteln, indem es Geschmacksschwellen, und Akzeptanz beeinflusst (Fergus et al. 2009). Verbraucher haben für einen bestimmten Artikel eine bevorzugte Farbe. Farben, die für den Artikel nicht geeignet sind, können abgelehnt werden. Im Allgemeinen sind bestimmte Lebensmittel mit bestimmten Farbattributen verbunden. Gute Qualität und reife Bananen werden zum Beispiel mit gelber Farbe ohne braune Flecken assoziiert, Tomaten mit rotem und nicht orangefarbenem Fruchtfleisch, Kirschen mit rotem und nicht gelbem Fruchtfleisch. Frisches Obst hat häufig eine helle, glänzende Oberfläche. Farbe und Aussehen der Verpackung können auch die Kaufentscheidung beeinflussen. Die Farbe eines Objekts kann durch mehrere Farbkoordinatensysteme beschrieben werden (Pankaj et al. 2013). Tomaten zum Beispiel sind am beliebtesten, wenn sie eine schöne rote Farbe haben, die auf Reife schließen lässt. Hellrote Tomaten hingegen sind weniger beliebt. Es kann aber auch regionale und kulturelle Unterschiede geben. So sind Bananen in Deutschland am beliebtesten, wenn sie gelb sind. Im Iran wird hingegen braune Bananen bevorzugt.

4.3 Farbemessung

Die Farbmessung kann auf verschiedene Arten durchgeführt werden:

Visuelle Farbmessung

Die visuelle Analyse von Lebensmittelfarben ist die Bewertung ihrer Eigenschaften mittels der Sinne. Sie umfasst die Beobachtung einer Probe unter kontrollierten Beleuchtungsbedingungen, zusammen mit bestimmten Farbstandards, mit denen die beobachteten Probenfarben verglichen werden können. Dabei wird die Farbe einer Probe beobachtet und unter identischen Beleuchtungsbedingungen mit den definierten Farbstandards verglichen. (Pankaj et al. 2013) Für eine wissenschaftliche Farbmessung gibt es andere Analysemethoden bzw. Instrumentelle Farbmessungen. Diese kann man mit unterschiedlichen Geräten durchführen.

Instrumentelle Farbmessung

In der Industrie oder Labor sind instrumentelle Farbmessungen eine sinnvolle Idee, um genaue Ergebnisse zu bekommen. Es gibt verschiedene Möglichkeiten zur Bestimmung der Farbe von Apfelsaft, zum Beispiel mit dem Kolorimeter oder Spektralphothotometer.

Kolorimeter sind die am häufigsten verwendeten Instrumente bei der Farbmessung von Lebensmitteln und anderen Produkten, vermutlich aufgrund ihrer einfachen Verwendung (Pankaj B ,2013). Ein Spectrophotometer ist normalerweise die genaueste Methode, die zum Messen der Farbe eines Objekts verwendet wird (Vincent, 1993). Sie messen die spektrale Verteilung der Durchlässigkeit oder das Reflexionsvermögens der Probe (Kortüm, 2013).

Aus diesen Messungen wird die Farbe unter verschiedenen Bedingungen berechnet. Die erhaltenen X-, Y- und Z-Werte hängen vom Leuchtmittel, der Messgeometrie und dem Betrachter ab (Pankaj er al. 2013).

4.4 Farbe Stabilität von Apfelsaft

Farbstabilität ist auch ein wichtiges Merkmal, das jeder Hersteller beachten muss. Die Farbe kann auch durch die Zeit, die Produktionsmethode, den Transport oder die Lagerung aber auch durch andere Dinge beeinflusst werden und so die Qualität des Apfelsaftes beeinflussen.
Apfelsaft ist bekannt für seinen unverwechselbaren goldenen Farbton (Ramanathan, 2017).
Die Farbe von Apfelsaft ist sehr anfällig für enzymatische Bräunung (Murata,1995), insbesondere als Reaktion auf Stressfaktoren wie Hitze während der Herstellung, des Transports und der Lagerung sowie auf natürliche Alterung. Dieser Prozess kann auch die Qualität, den Nährwert

und die Sicherheit beeinträchtigen (Ramanathan, 2017).
Die Farbmessung ist ein wichtigstes Verfahren des Apfelsaftherstellungsprozesses (Zachert, 2015), sowohl während der Herstellung als auch während der Prüfung auf langfristige Farbstabilität. Die spektrophotometrischer Instrumentierung bietet eine einfache Möglichkeit, Saft zu jedem Zeitpunkt des Produktionsprozesses mittels Transmissionsfarbmessung zu analysieren (Wojtowicz, 1961), um sicherzustellen, dass sich die Säfte wie erwartet verhalten (Ramanathan, 2017). Das heißt für die genaue Farbanalyse wäre die spektrophotometrischer Instrumentierung eine gute Lösung für Industrie oder Labor.

4.5 Klarheit von Apfelsaft

Ob der Apfelsaft naturtrüb oder klar ist spielt auch eine wichtige Rolle für die Kaufentscheidung des Kunden.
Die Äpfel werden für die Herstellung von Apfelsaft zunächst gewaschen und verlesen und anschließend zu Maische gemahlen. Dann wird die Maische gepresst, zentrifugiert und pasteurisiert (Töpfer, 1999). Die Herstellung eines klaren Apfelsaftes hat folgende Verfahrensschritte (Majchrzak, 2009): Heißklärung, Amylase, Schönung und Ultrafiltration (Töpfer, 1999).
Die Farbe ist also nicht die einzige kritische Variable, wenn es um das Aussehen von Apfelsaft geht. Es gibt eine Reihe von Möglichkeiten, die Trübung nach dem Abfüllen zu minimieren.
Für die meisten Kunden ist eine Trübung in Apfelsaft im Allgemeinen unerwünscht, weshalb die Trübungsmessung ein wesentlicher Bestandteil des Qualitätskontrollprozesses ist. Indem der Trübungsgrad vor und nach der Abfüllung mit spektrophotometrischer Instrumenten gemessen wird, kann die Trübung quantifiziert werden *(Ramanathan,* 2017). Trübe und klare Apfelsäfte unterscheiden sich auch im Vitamin-C-Gehalt und den Antioxidantien und der Farbe.

4.6 Polyphenole und die Farbe des Apfelsaftes

Haben Polyphenole und Enzyme auch einen Einfluss auf die Farbe von Apfelsaft?
Farbe ist von großer Bedeutung für die Beurteilung von Saft. Die Farbe wird mit der Qualität des Rohmaterials und der Behandlungsverfahren assoziiert (Zachert, 2015). Die Farbausprägung ist auf die enzymatischen Oxidationsprodukte von Phloridzin (25 %), Epicatechin (25 %) und Procyanidinen (50 %) zurückzuführen. Chlorogensäure spielt bei der Bildung der Farbe eine wichtige Rolle (Garnweidner, 2006). Das heißt enzymatische oxidationsprodukte spielen auch eine wichtige Rolle für die Farbe und Qualität von Apfelsaft.
Die Bildung brauner Pigmente in Früchten ist somit von den Phenolischen Inhaltsstoffen und der Anwesenheit von der Phenoloxidase-Aktivität abhängig (Queiroz, 2008). Sie führt zu einer enzymatischen Oxidation der Phenolischen Inhaltstoffe (Murata, 1995), die sich im Presssaft vor

allem an Trubstoffe binden. Sind diese Enzyme in der intakten Zelle noch räumlich von den phenolischen Substanzen getrennt, können sie nach mechanischer Behandlungen, wie z.B. Druck oder Pressen mit Phenolen zu gefärbten gerbstoffartigen Produkten reagieren (Garnweidner, 2006). Enzyme spielen also eine große Rolle für die Farbe und die Klärung von Apfelsaft. Davon geht man aus, dass Druck Einfluss auf die Farbe der mit Gashydrat behandelten Apfelsäfte hat.

4.7 Enzyme

Zur Bestimmung der Qualität von Apfelsaft spielen auch die Enzyme eine große Rolle. Es gibt verschiedene Enzyme und jedes Enzym hat auch seinen Einfluss auf den Apfelsaft. Mit Hilfe von Enzymen können wir auch die Farben oder den Gesamtphenolgehalt in Apfelsaft ändern.

Ortho-Phenoloxidase

Ortho-Phenoloxidase (o-Polyphenoloxidasen, Phenolasen, Tyrosinasen) haben einen großen Einfluss auf den Gesamtphenolgehalt im Apfelsaft. Die o-PPO-Aktivität führt zu der Bräunung des Saftes sowie der Phenolkonzentration. Bei pH-Werten über 4 reagieren Phenolischen Substanzen oft mit Schwermetallsalzen, was zu blaugrauen bis blau-schwarzen Verfärbungen, sowie metallischer Geschmack führen könnte (Lisa Garnweidner, 2006). Das heißt mit Hilfe von Enzyme können wir auch den Geschmack ändern.

Pektische Enzyme

Enzyme sind also wichtig für die Klärung von Apfelsaft. Aber welche Enzyme haben welchen Einfluss und welche Technologie ist die beste?

Es ist seit langem bekannt, dass pektische Enzyme für die Klärung der Fruchtsäfte verantwortlich sind (Kahle, 2008). Wenn wir eine höhere Saftausbeute sowie eine Reduktion der Viskosität erreichen möchten, ist ein enzymatischer Pektin Abbau der Maische vor dem Pressen sinnvoll (Töpfer, 1999).

Mittels Wärmeaustauschern kann man diesen Schritt bei erhöhten Temperaturen machen, um Zeit zu sparen (Yamasaki,1964).

Eine andere Methode der Enzymtechnologie ist die Verflüssigung, bei der Apfelzellwände durch die synergetische Wirkung von Pektinasen und Cellulosen weitgehend verflüssigt werden können. Dies führte zu höheren Saftausbeuten im Vergleich zur Maische-Verflüssigung mittels Pektinasen. Zu den Nachteilen dieses Verfahrens gehört eine schlechtere sensorische Qualität der Säfte, eine erhöhte Freisetzung von Polyphenolen mit einer Neigung zur Bräunung des

Saftes (F. Will, 2000). Deswegen haben trübe Apfelsäfte eine bessere sensorische Qualität im Vergleich zu klaren Apfelsäften.

Jede Enzymtechnologie hat Vor- und Nachteile. Jetzt müssen die Hersteller entscheiden, welche Enzymtechnologie die beste Wahl ist. Vermutlich ist das Herstellen von klaren Apfelsäften mit Pektinasen eine gute Idee, weil man Zeit sparen kann und auch im Vergleich mit anderen Methoden die Polyphenole nicht einfach freigesetzt werden.

4.8 Spektrophotometrischer Test

Für die Analyse von Enzymen unter bestimmten pH-Werten könnte ein spektrophotometrischer Test eine gute Idee sein (C.Vilariñoj, 1993). Das ist eine genaue Methode für die Messung der Enzyme, aber sie ist teuer.

4.9 Vitamine

Vitamine werden in zwei Hauptgruppen eingeteilt, wasserlöslich und fettlöslich. Hoch Performance Liquid Chromatographie (HPLC) könnte als Analysemethode von Vitaminen benutzt werden (C.Vilariñoj, 1993). Apfelsaft enthält Vitamin C (Denise Carvalho Pereira, 2008) und sekundäre Pflanzenstoffe wie z.B Polyphenole (D. Majchrzak, 2009). HPLC ist eine gute Methode zur Messung von Vitaminen und auch Antioxidantien im Apfelsaft. Reflektrometrie ist eine andere und einfache Methode zur Bestimmung von Vitamin C. Tabelle 1 zeigt eine Übersicht der Methoden zur Qualitätsbestimmung des Saftes.

Tabelle 1

Qualitätsparameter	Methode
Vitamine	HPLC Reflectoquant System
Enzyme	Spektrophotometrischer Test
Farbe	Spectrophotometer Kolorimeter
Antioxidans	TEAC RPHPLC HPLC

4.10 Zusammenfassung

Zur Qualitätsbestimmung zählen die Analyse von Enzymen, Farben, Antioxidantien und Vitaminen. In Hinblick auf die Verfahren ist festzustellen, dass man das HPLC-Verfahren für die Analyse von Vitaminen und Antioxidantien benutzen kann. Zusätzlich sind auch TEAC und RPHPLC eine gute Methode für Antioxidantien. Außerdem ist das Kolorimeter eine günstige und schnelle Methode zur Farbmessung. Da die Messung mit dem Spectrophotometer aber genauer ist, eignet sie sich am besten für Industrie und Labor. Allerdings ist sie teurer.

5. Ergebnisse Apfelsaft mit Gashydrate (Vorhersagen)

Aus den wissenschaftlichen Artikeln (Li et al., 2015), (Arunyanart et al., 2014), (Garnweidner, 2006) kann man die Versuchplan vorhersagen:

5.1 Versuchsplanung

Zwei unterschiedliche Apfelsäfte sollen untersucht werden. Das heißt konventioneller Apfelsaft (Thermisch behandelte Saft) und Apfelsaft mit Gashydraten. Es müssen 4 verschiedene qualitätsbestimmende Faktoren gemessen werden, immer in Doppelbestimmung. Das bedeutet, jede Probe sollte mindestens 8-mal gemessen und die Ergebnisse statistisch ausgewertet werden.

Die Tabelle 2 zeigt den Versuchsplan:

A= Apfelsaft mit Gashydraten

B= Konventionelle Apfelsaft (Thermisch behandelte Saft)

Antioxidantien Versuch	Vitamin Versuch	Farbe Versuch	Enzyme Versuch
A A	A A	A A	A A
B B	B B	B B	B B

Tabelle 2. Versuchsplan

Ich vermute, im Vergleich mit konventionellem Apfelsaft, der Apfelsaft mit Gashydraten (A) einen höheren Vitamin C Gehalt hat, weil der konventionelle Apfelsaft (B) bei der Saftkonzentration und der Pasteurisation thermisch behandelt wurde und das die Vitamine zerstören kann (Leandro F, 2007). Die Pasteurisation erfolgt bei 87°C für 10-20 s und die Vakuumverdampfung für die Saftkonzentration für erfolgt bei 40-70°C (Osteroth, 2013). Der gashydrat-behandelte Saft wird hingegen nicht so hohen Temperaturen (von 274.8 bis 279.8 K) ausgesetzt (Li et al. 2014). und deswegen bleibt das Vitamin C erhalten (Li et al. 2015).

Man benötigt für die Saftkonzentration mit Gashydraten weniger Energie und durch den höheren Druck und die niedrigere Temperatur kann man eine optimale Konzentration erhalten, allerdings benötigt dies mehr Zeit als die thermische Konzentrierung (Arunyanart et al. 2014).

Das maximale Dehydratisierungsverhältnis konnte bei optimalem Druck erreicht werden. Die Konstanten der CO2-Hydratbildungsrate nahmen mit dem ansteigenden Druck zu (von 1,96 bis 4,10 MPa) (Li et al. 2014).

Das heißt, der optimale Druck sollte ca. 4,10 MPa und optimale Temperatur sollte ca. 274.8 bis 279.8 K (Li et al., 2014) für die Apfelsaftkonzentration sein. Das heißt in Vergleich mit der

thermische Konzentration braucht man bei dem nicht thermischen Konzentrationsverfahren weniger Energie.
Die thermische Behandlung des konventionellen Saftes könnte auch einen Einfluss auf Farbe, Geschmack und auch andere Merkmale haben (Zachert, 2015). Aber für die Gashydratbehandlung haben wir dieses Problem nicht, weil es ein nicht thermisches Konservierungsverfahren ist. Hoher Druck könnte ebenfalls einen Einfluss auf die Farbe haben (Garnweidner, 2006).
Die Qualität für Apfelsaft mit Gashydraten sollte besser sein als die vom konventionellen Apfelsaft.
Die Ergebnisse zeigen, dass die Entfernung von Wasser durch Bildung von CO_2- Hydrat eine effiziente Technologie ist (Li et al., 2015).

Probenvorbereitung

Die Apfelsäfte würden je 20 min bei 8000 min-1 zentrifugiert und danach filtriert. Die Apfelsäfte müssen innerhalb von drei Tagen analysiert werden. Gelagert werden müssen die Säfte ungeöffnet bei 4°C (Garnweidner, 2006).

6.1 HPLC-Messung Polyphenole

Apfelsaft würde mit bestimmte menge (z.B 30 µl) in Säule des HPLC Anlage injiziert.
Als Elutionsmittel wird ein Gemisch aus entionisiertem Wasser mit bestimmtem pH -Wert (2,07) und Methanol benutzt (Bolarinwa, 2006).

Tabelle 2. Gradienten Profil der HPLC für Polyphenolbestimmung (Bolarinwa, 2006)

Zeit (min)	0	15	50	65	109	110	115	120
Fließmittel A (%)	100	82	75	60	44	0	0	100
Fließmittel B (%)	0	18	25	40	56	100	100	0
Flussrate µl/min	400							

Auswertung:

Die Bestimmung der Polyphenole in der Probe wurde mit Hilfe ihrer Retentionszeiten im Vergleich mit den Standardsubstanzen und auch über den Vergleich der UV-Spektren des Analyten mit dem UV-Spektrum der Standardsubstanz gemacht (Bolarinwa, 2006).

6.2 Polyphenolgehalte mittels RP-HPLC

Geräte:

RP-HPLC und Detektor. (Daniel P.M, 2008)

Chemikalien und Regel

Ameisensäure 98-100 % ,Methanol und Phosphorsäure.

In den Apfelsäften würden mit Hilfe von RP-HPLC enthaltene Polyphenole untersucht. (Garnweidner, 2006).

Ausführung

Am Anfang würden 10 µl Probe auf zwei in Serie geschalteten Narrow Borer Säulen (Säulenofentemperatur sollte bei 40°C) eingespritzt. Die mobile Phase enthält 0,5 % Ameisensäure (pH=2,3) und Methanol. Die Flüsterte soll 0,22 ml/min sein und die Detektion wurden bei 280 nm (Polyphenole allgemein) durchgeführt (Rechner, 2000).

6.3 Farbmessungen mittels Spektralphotometer

Farbmessungen werden mit Hilfe eines Spektralphotometers durchgeführt. Für die Versuche wurde ein UV-VIS Spektralphotometer eingesetzt, welches typisch für Farbmessungen in der Lebensmittelindustrie ist (Vieth et al., 2009).

Instrument und Regel

UV-VIS-Spektralphotometer und Küvetten 10mm.

Zuerst werden Apfelsäfte in 10 mm Glasküvetten gefüllt und dann bei 420 nm am Photometer gegen entionisiertes Wasser gemessen. Daher je höher die Absorption lag desto stärker wäre der Gelbton des Apfelsaftes (Garnweidner, 2006).

6.4 Bestimmung von Vitamin C in Apfelsaft mittels RQflex

Vitamin C ist ein wesentlicher Bestandteil von Apfelsaft (Majchrzak et al. 2009). Die Bestimmung von Vitamin C wurde mittels Reflex System durchgeführt (Caracciolo, 2013).
Reflektiertes Licht wird unter Verwendung der Reflectoquant-Systemtests auf einem RQFlex plus10 Reflektometer gemessen und es wird der Unterschied in der Intensität des emittierten und reflektierten Lichts, für die quantitative Bestimmung der Konzentration spezifischer Analyten gemessen (Valencia-Flórez, 2019).

Instrumente

Reflectoquant-System und Reflectoquant Analysestäbchen. (Caracciolo, 2013)

Regel

Mann kann über der ausgehenden und reflektierten Strahlung die Konzentration der Ascorbinsäure mittels Reflektrometrie quantitativ bestimmen (Garnweidner, 2006). Die Quantifizierung basiert auf

Der Intensitätsunterschied von emittiertem und reflektiertem Licht basiert auf

Farbvariationen (Caracciolo, 2013).

7. Ergebnisse und Diskussionen

Im nächsten Abschnitt wurden zunächst biologische und konventionelle Apfelsäfte hinsichtlich der Qualitätsparameter verglichen.

Danach wurde der mit Gashydraten behandelte Apfelsaft einem thermisch behandelten gegenübergestellt.

7.1 Bestimmung der Polyphenolmenge

Die Bestimmung der Polyphenolmenge (Cx) wird mit Hilfe von der Methode des internen Standards (ISTD) durch die Menge des internen Standards (CisTD) berechnet.

Die Responsefaktoren wird mit Standardsubstanzen so berechnet:

Peakfläche des Analyten : Ax
Peakfläche des internen Standards :
Aist Responsefaktoren : Rfx

$$Rf_x = \frac{A_{ISTD}}{A_x} \cdot \frac{C_x}{C_{ISTD}}$$

Die Standardsubstanzen werden doppelt eingespritzt. Die Konzentrationen werden mit Excel nach entsprechender Formel berechnet:

$$C_x = \frac{A_x}{A_{ISTD}} \cdot Rf_x \cdot C_{ISTD}$$

Probe wird in Doppeleinspritzung untersucht (Bolarinwa, 2006).

7.2 Gehalt Polyphenole ermittelt mittels HPLC

Anhand HPLC wurden durch Universität für Bodenkultur in Wien biologische und konventionelle Apfelsäfte untersucht. Es wurde untersucht, ob sich biologische und konventionelle Apfelsäfte in ihrem Gehalt an Polyphenole unterschieden oder nicht. Tabelle 5 zeigt die Standardabweichung (Garnweidner, 2006).

Tab 3. Standardabweichungen der Gesamtphenolgehalte Apfelsäfte (Garnweidner, 2006)

n = 106		Gesamtphenolgehalt [mg/l]
biologisch n = 49	min.	93,0
	MW	331,3
	max.	813,0
	σ	179,0
konventionell n = 57	min.	10,6
	MW	200,0
	max.	642,0
	σ	117,5

Bei der Tabelle 5 ist klar, dass biologische Apfelsäfte mit einem Mittelwert von 331,3 mg/l Gesamtphenole höhere Werte in Vergleich zu den konventionellen Apfelsäften haben (Garnweidner, 2006).

Schlussfolgerung

Bei der Betrachtung des Gesamtphenolgehaltes zeigen sich Unterschiede zwischen diesen zwei bekannten Apfelsäften. Der Gesamtphenolgehalt des konventionellen Apfelsaftes ist mit einem Mittelwert von 200 mg/l niedriger als der des biologischen Saftes.
Das ist deutlich klar, dass biologisch produzierte Apfelsäfte durchschnittlich höhere Konzentrationen an gesundheitsrelevanten Inhaltsstoffen, wie zum Beispiel einzelne Polyphenole, im Vergleich zu konventionellen Apfelsäften haben (Garnweidner, 2006).

7.3 Farbmessungen bei 420 nm als Maß für Farbe/Bräunung

Die Bewertung der Farbe wird mit Hilfe der Farbintensitätsmessung durch ein Photometer vorgenommen (Christine Thielen, 2005). Der Pearson'sche Korrelationskoeffizient zwischen der gemessenen Extinktion bei 420 nm und dem Gesamtphenolgehalt biologischer Apfelsäfte wurde bei der Universität für Bodenkultur Wien gemessen und das war nur 0,062 (p=0,674). Dies entspricht einer sehr geringen Korrelation. Für konventionell Apfelsäfte war das r=0,341 bei einer Signifikanz von 0,01.Diese ist also sehr gering (Garnweidner, 2006).

Abb. 1. Vergleich Gesamtphenolgehalts (Garnweidner, 2006)

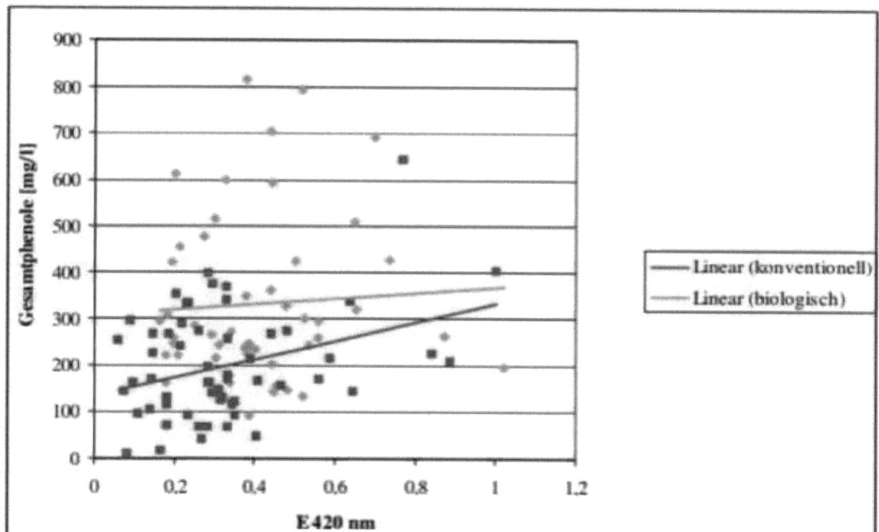

7.4 Bestimmung der Gehalt an Ascorbinsäure mittels RQflex

Gehalt an Ascorbinsäure wurde durch Universität für Bodenkultur in Wien Biologisch Apfelsäfte mit durchschnitt Gehalt von 108,0 mg/l Ascorbinsäure und dazu auch 94,5 mg/l Ascorbinsäure für konventionelle Apfelsäfte beurteilt. (Lisa Garnweidner, 2006)

Schlussfolgerung

Es wird deutlich klar, dass biologisch produzierte Apfelsäfte durchschnittlich höhere Konzentrationen an gesundheitsrelevanten Inhaltsstoffen wie zum Beispiel Mengen von Vitamin C im Vergleich zu den konventionellen Apfelsäften haben (Garnweidner, 2006). Das heißt auch Vitamin C, welches eine große Rolle für die Gesundheit spielt (Schneider, 2014), ist höher in den biologischen Apfelsäften im Vergleich mit konventionellen Säften.

8. Statistische Methoden und Statistische Auswertung

Nachdem Experiment im Labor, ist es wichtig die Daten statistisch zu analysieren und auszuwerten. Für die statistische Auswertung wurden die Programme Windows Excel, SPSS 11 sowie SPSS 12 benutzt (D. Majchrzak, G. Binder, 2009). Eine Zusammenfassung von Methoden zur Sammlung und Analyse von Daten heißt Statistik (Wiemann, 1998).
Ein statistischer Test kann bei einer wissenschaftlichen Arbeit zwischen zwei oder mehreren Proben verwendet werden. Zum Beispiel, um Unterschiede zwischen den Proben festzustellen. Dann formuliert man die Nullhypothese als Effekt=0. Das heißt, dass die Probe in der Grundgesamtheit nicht voneinander zu unterscheiden ist. Ein kleiner p-Wert zeigt, dass die Wahrscheinlichkeit gering ist (George ,2004). Die Alternativhypothese (H1) geht davon aus, dass ein Unterschied besteht. In der statistischen Auswertung wurde ein Konfidenzintervall von p=0,05 bei 5 % Irrtumswahrscheinlichkeit gewählt (Garnweidner, 2006).

8.1 Hypothese

Die Hypothese steht am Anfang. Eine Vorhersage über den Ablauf eines Ereignisses heißt Hypothese (Wiemann, 1998). Es werden zwei Formulierungen miteinander verglichen. Das Testen der Hypothesen ermöglicht den Vergleich der beiden Formulierungen, unter objektiven Bedingungen, mit Kenntnis der Risiken, die eine falsche Schlussfolgerung verhindern (Bryman, 2004). Das heißt, durch das Testen der aufgestellten Hypothese kann untersucht werden, ob ein signifikanter Unterschied zwischen den Proben besteht oder nicht.

8.2 Pearson Korrelationskoeffizient

Die Berechnung der Korrelationen wurde nach Pearson betrachtet (Garnweidner, 2006).
Es wird der lineare Zusammenhang zwischen zwei intervallskalierten Variablen untersucht (Schwarz, 2019).

Darstellung des Korrelationskoeffizienten

bis 0,2	sehrgeringeKorrelation
bis 0,5	geringe Korrelation
bis 0,7	mittlere Korrelation
bis 0,9	hohe Korrelation
über 0,9	sehr hohe Korrelation

Die Berechnung des Korrelationskoeffizienten erfolgte nach bestimmter Formel:

Korrelationskoeffizient Formel (Schwarz, 2019)

$$r = \frac{\sum_{i=1}^{n}(x_i - \bar{x})(y_i - \bar{y})}{\sqrt{\left(\sum_{i=1}^{n}(x_i - \bar{x})^2\right)\left(\sum_{i=1}^{n}(y_i - \bar{y})^2\right)}}$$

Xi,Yi = Werte der beiden Variablen x und y
n = Stichproben Größe

8.3 Der Boxplot

Die wichtigste grafische Darstellungsmöglichkeit in der Statistik ist der Boxplot. Mit Hilfe des Box Plots kann man Gruppenunterschiede betrachten. Die „Box" enthält die mittleren 50 % der Beobachtungen. Der Querstrich in der Box entspricht dem Median (Garnweidner, 2006). Das heißt mit dem Boxplot kann man die Gruppe zusammen vergleichen. Welche Tests man verwenden kann hängt davon an, ob die Werte normalverteilt sind oder nicht.

Nichtparametrische Tests

Für unabhängige Stichproben wird der Mann-Whitney U-Test verwendet (Schwarz, 2019), um zu gucken, ob es einen Unterschied zwischen zentralen Tendenzen zweier unabhängiger Stichproben gibt oder nicht (Prel et al., 2010).

$$U = n_1 n_2 + \frac{n_1(n_1+1)}{2} - R_1$$

Mann-Whitney U-Test Formel (Schwarz, 2019)

Mit Hilfe des T-Tests für unabhängige oder abhängiger Stichproben kann man feststellen, ob die Mittelwerte zweier Proben verschieden sind oder nicht (Schwarz, 2019). Der T-Test für Mittelwertdifferenzen prüft die Unterschiede der Mittelwerte zweier Gruppen auf Signifikanz. Die

n_1 = Stichprobengrösse der Gruppe mit der grösseren Rangsumme

n_2 = Stichprobengrösse der Gruppe mit der kleineren Rangsumme

R_1 = grössere der beiden Rangsummen

Normalverteilung der abhängigen Variablen und die Homogenität der Varianzen sind die wichtigste Voraussetzungen dafür (Garnweidner, 2006).

Prüfgröße des t-Tests (Hemmerich, 2019)

$$t = \frac{\bar{x}_A - \bar{x}_B}{s} \cdot \sqrt{\frac{n_A \cdot n_B}{n_A + n_B}}$$

$$s = \sqrt{\frac{(n_A - 1) \cdot s_A^2 + (n_B - 1) \cdot s_B^2}{n_A + n_B - 2}}$$

8.4 Diskriminante Analyse

Gruppenunterschiede können anhand von mehreren Merkmalen bei der Diskriminanzanalyse untersucht werden (Trampisch et al. 1982). Das heißt mit Hilfe von dieser Methode können wir verschiedene Gruppe zusammen analysieren.
Die Allgemeine Formel für Diskriminanzanalyse ist (Kraft, 2000):

$$Z = b_0 + b_1 X_1 + b_2 X_2 + \ldots + b_J X_J$$

Z = Diskriminante Variable nominal skaliert
Xj = Merkmalsvariable j (j = 1, 2,..., J), metrisch skaliert
bj = Diskriminante Koeffizienten für Merkmalsvariable j
b0 = Konstantes Glied

8.5 Univariate Statistik

Zuerst müssen einzelne Variablen betrachtet werden. Wir wollen oft nur einzelne Variablen kennenlernen (Baur, 2008). Diese Art von beschreibender Information kann uns Informationen über unsere Variablen geben. Da es sich um einzelne Variable handelt, wird diese Art der Analyse als Univariate Analyse bezeichnet (Muijs, 2010).

8.6 Häufigkeitsverteilungen

Die Häufigkeitsverteilung ist die grundlegendste Art der Stichproben-Charakterisierung (Wiemann, 1998). SPSS listet eine ganze Reihe von statistischen Verfahren auf. Hier wird z.B. die 'Deskriptive Statistik' behandelt, da der Forscher am Anfang nur die Variablen beschreibt. Im Programm können auch die 'Frequentiere' ausgewählt werden, um die Frequenztabellen zu erstellen (Muijs, 2010, Douglas et al., 2012). Vor der Durchführung von statistischen Tests ist die Ausgabe einer Häufigkeitstabelle für jede Variable wichtig. Die Tabelle zeigt uns, ob Werte falsch eingegeben wurden oder nicht (Schwarz, 2019).

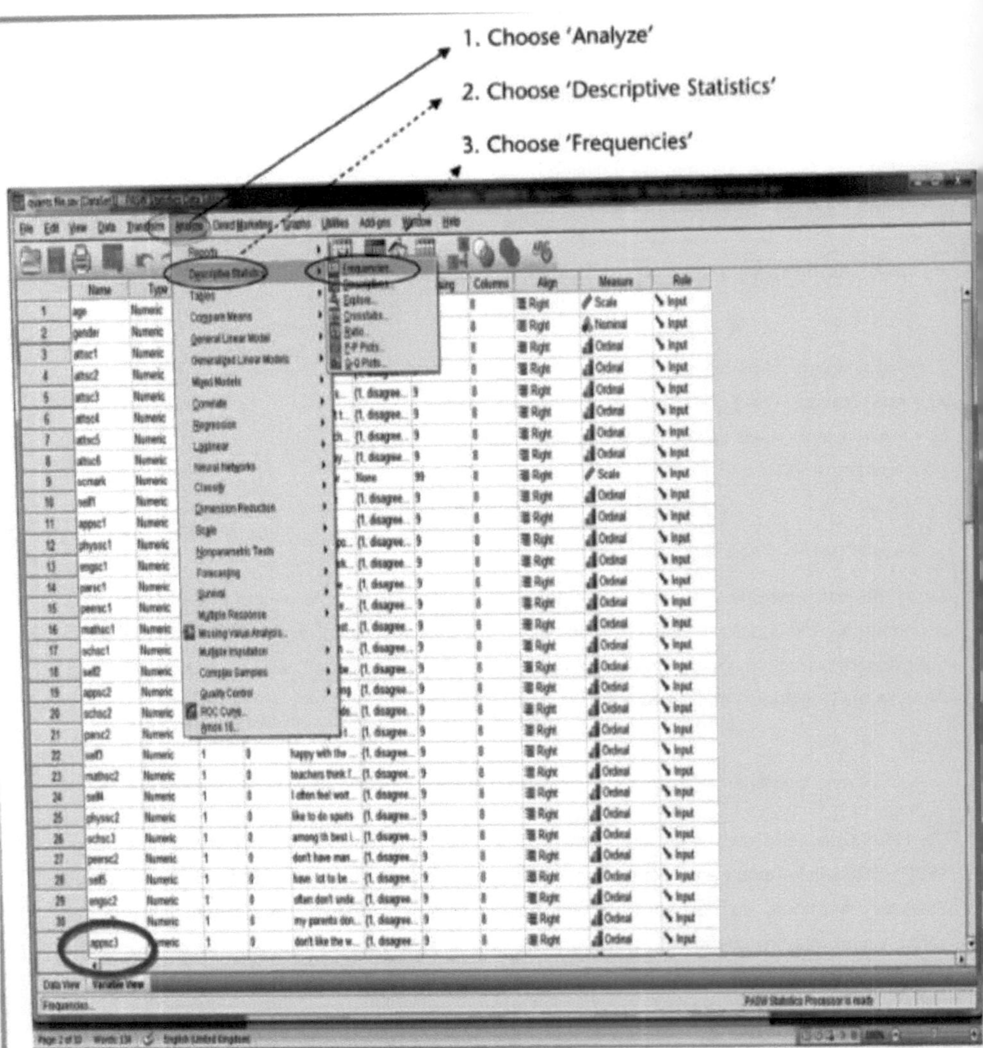

Abb. 2: Producing a frequency (Muijs, 2010)

Wenn wir in SPSS ein neues Fenster öffnen, sehen wir die Ausgabe. Diese Ausgabe zeigt zwei Hauptabschnitte. Das erste Feld enthält die allgemeinen Informationen: den Namen der Variablen (Muijs, 2010). Für SPSS Statistik werden folgende Variablen für die Messung verwendet: nominal, ordinal und Intervall oder Ratio. Traditional wurde die Skalierung verwendet. (Leech et al. 2013).

Alle von uns zugewiesenen Nummern oder Kategorien sind nur Bezeichnungen. Ordnungsvariablen ermöglichen es uns, Kategorien von niedrig nach hoch, oder von weniger nach mehr zuordnen, aber wir können nicht genau messen, wie groß der Abstand zwischen Skalenpunkten ist. Eine typische Ordinalvariable ist eine Skala vom Typ Zustimmen / Nicht zustimmen. Kontinuierlichen Variablen erlaubt es uns, sowohl Kategorien zu ordnen, als auch zu sagen, dass der Abstand zwischen allen Kategorien genau gleich ist (Muijs, 2010).

Eine Zusammenfassung und Überblick für die Datenanalyse mit SPSS können wir aus der Abbildung 4 bekommen. Zuerst muss entschieden werden, welche Art der Analyse durchgeführt werden soll: Unterschiede, Zusammenhänge oder Interdependenzanalyse. Für jede Analyseart gibt es verschiedene Variablen, die für die Untersuchung wichtig sind.

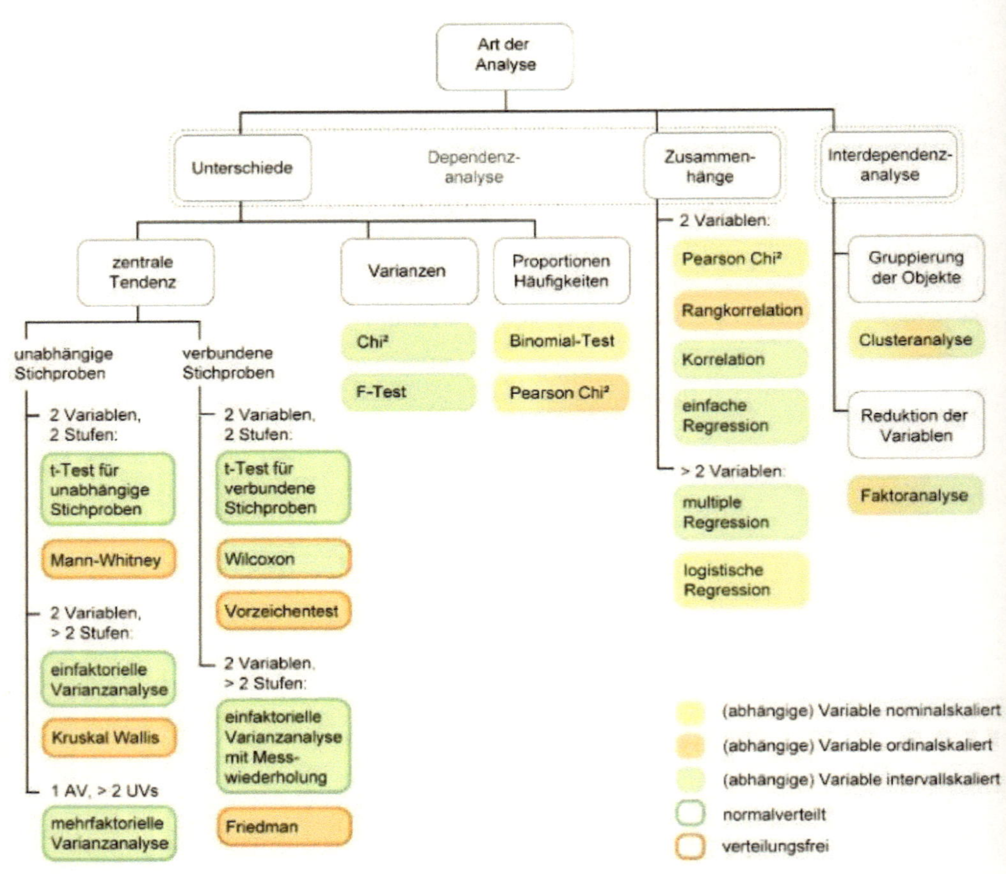

Abbildung 3: Daten Analyse mit SPSS (Schwarz, 2019)

9. Ausblick

Um statistisch aussagekräftige Ergebnisse zu bekommen, müssen Laborversuche durchgeführt werden.

Die Erkenntnisse aus diesem Projekt liefern Möglichkeiten für Folgeuntersuchungen.

So könnte man mehrere Apfelsäfte und auch verschiedenen Verfahren zusammen quantitativ und qualitativ untersuchen und vergleichen. Auch könnte eine sensorische Untersuchung angestrebt werden. Durch behandelte Apfelsaft mit Gashydrate kann man die Transportkosten Sparen (Li et al. 2014) und weil es eine nicht Thermische Konzentration ist, die Vitamin C bleibt erhalten. (Li et al. 2015)

10. References

S. Li,Y. Shen, D. Liu', L Fan, Z. Tan, Z. Zhangl, W. Li, and W. Li, 2015, Experimental study of concentration of tomato juice by CO2 hydrate formation Chemical Industry & Chemical Engineering, Vol. 21.

T. Arunyanart, U. Siripatrawan, Y. Makino, S. Oshita, 2014, new approach for the preservation of apple tissue by using a combined method of xenon hydrate formation and freezing,

T. Arunyanart et al., 2015, A combined method implementing both xenon hydrate formation and the freezing process for the preservation of barley as a simulated food

T. Arunyanart et al., 2015, Rapid Method Based on Proton Spin–Spin Relaxation Time for Evaluation of Freezing Damage in Frozen Fruit and Vegetable.

S. Li, Y. Dongbing et al., 2015,Concentrating orange juice through CO2 Hydrate Technology.

H.-D. Belitz, W. Grosch, P. Schieberle, 1982, Lehrbuch der Lebensmittelchemie, 6 Auflage, Springer Verlag,

G. Ramanathan, 2017, Simplifying Color and Haze Measurement In Apple Juice.

Pankaj B, P. Maurice, L. Opara, F. Al-Julanda, Al-Said, 2013, Color Measurement and Analysis in Fresh and Processed Foods, Food and Bioprocess Technology.

W. Hümmer, 2009, Analyse potentiell chemopräventiv wirksamer Inhaltsstoffe von Apfelsaft Dissertation zur Erlangung des naturwissenschaftlichen Doktorgrades der Julius-Maximilians-Universität Würzburg.

S. Li, G. Chen, C. Zhang, M. Wu, S. Wu, Q. Liu, 2014, Research progress of natural antioxidants in foods for the treatment of diseases School of Medical Instrument and Food Engineering, University of Shanghai for Science and Technology, Shanghai, 2014.

F. Will, K. Bauckhage, H. Dietrich, Apple Pomace Liquefaction with Pectinases and Celluloses – Analytical Data of the corresponding Juices European Food Research and Technology, 2000.

M. Yamasaki,T. Yasui, Arima, 1964, Pectin Enzymes in the Clarification of Apple Juice Part I. Study on the Clarification Reaction in a Simplified Model* Department of Agricultural Chemistry, Faculty of Agriculture, University of Tokyo.

C.Vilariño et al., Spectrophotometric Method for Fungal Pectin esterase Activity Determination, 1993.

D. Majchrzak, G. Binder, 2009, Antioxidativen Kapazität von Apfelsaft – klare und naturtrübe Apfelsäfte im Vergleich, Antioxidant capacity of apple juice – comparison of plain and naturally cloudy apple juices.

L. Garnweidner, 2006, Vergleich gesundheitsrelevanter Inhaltsstoffe von biologisch und konventionell hergestellten Apfelsäften angestrebter akademischer Grad Magistra de Naturwissenschaften Universität für Bodenkultur.

Rechhner,2000, Einfluss der Verarbeitungstechnik auf die Polyphenole und Anti oxidative Kapazität von Apfel und Beerenobstsäften Influence of processing techniques on polyphenols and antioxidative capacity of apple- and berry juices Dissertation zur Erlangung des Doktorgrades im Fachbereich 09 Agrarwissenschaften, Ökotrophologie und Umweltmanagement der Justus-Liebig-Universität Giessen.

Ajayi. 2014, CLARIFICATION OF APPLE JUICE WITH LABORATORY PRODUCED-PECTINASE OBTAINED FROM THE DETERIORATION OF APPLE (Malus domestica) FRUITS BY Aspergillus niger, Department of Biological Sciences, Covenant University, Ota, Ogun State, Nigeria www.perkinelmer.com,

A.M. Wilson, T.M Work, A. Bushway, R. J. BUSHWAY, 2006, HPLC Determination of Fructose, Glucose, and Sucrose in Potatoes. Journal of Food science.

J. Prel, B. Röhrig, G. Hommel, M. Blettner, 2010, Universität Kiel, Auswahl statistischer Testverfahren Teil 12 der Serie zur Bewertung wissenschaftlicher Publikationen

HJ Trampisch, HJ Jesdinsky und P.Faber,1982, Warum liefert die Diskriminanzanalyse so viele gute Ergebnisse?, Universität Düsseldorf.

D. Mujis, 2011, Doing Quantitative Research in Education with SPSS, London.

Mathematisch-Statistische Verfahren des Risikomanagements, www.wiwi.uni-frankfurt.de Diskriminanzanalyse (I) Diskriminanzanalyse - Wiwi Uni-Frankfurt

W. Hümmer, Analyse potentiell chemopräventiv wirksamer Inhaltsstoffe von Apfelsaft, Julius-Maximilians-Universität Würzburg, 2009.

George, Morgan, 2004, Colorado State University , SPSS for Introductory Statistics Use and Interpretation,

Douglas C. Montgomery, 2012, Design and analysis of experiments.

Alan Bryman and Duncan Cramer, 2004, Data Analysis for SPSS 12 and 13 are available http://www.psypress.co.uk/brymancramer,

Schwarz, 2019, https://www.methodenberatung.uzh.ch/de/datenanalyse_spss/deskuniv.html,

Majchrzak, Binder, 2009, Antioxidative Kapazität von Apfelsaft – klare und naturtrübe Apfelsäft im Vergleich, Universität Wien.

Nadine Zachert, 2015, Einführung einer neuen Pasteurisations- und Abfüllanlage zur Herstellung von Apfelsaft, Hochschule Neubrandenburg.

Fergus M. Clydesdale, 2009, Color as a factor in food choice, Journal Critical Reviews in Food Science and Nutrition.

G. Kortüm, 2013, Colorimeter and calibration system, KD Vincent - US Patent 5,272,518, 1993 - Google Patents

Giuseppina Caracciolo , 2013, Evaluation of the quality and antioxidant capacity of woodland strawberry biotypes in Sicily, University of Palermo, Palermo, Italy.

Wojtowicz,1961, Spektrophotometrische Versuche über die Farbe und Qualität einiger Obstsäfte und Sirupe.

M Murata, 1995, Relationship between apple ripening and browning: changes in polyphenol content and polyphenol oxidase.

Christiane Queiroz, 2008, Polyphenol Oxidase: Characteristics and Mechanisms of Browning Control.

Denise Carvalho Pereira, 2008, Cashew apple juice stabilization by microfiltratiin.

Serena Ferri, 2018, Gemüseverarbeitung (1), Department für Innovation in Bio-, Agro-Lebensmittel- und Forstsystemen, Universität Tuscia.

Joachim Götz, 2019, Characterisation of the Structure and Flow Behaviour of Model Chocolate Systems by Means of NMR and Rheology.

Leandro F, 2007, Non-enzymatic browning in clarified cashew apple juice during thermal treatment: Kinetics and process control.

Dieter Osteroth, 2013, Zu Fruchtsäften werden vor allem die Kernobstsorten Äpfel und Birnen.

Daniel P.M, 2008, A New RP-HPLC Method for Analysis of Polyphenols, Anthocyanins, and Indole-3-Acetic Acid in Wine.

Volker Schneider, 2014, Gesunde Ernährung? Gesundheitspädagogik, Einführung in Theorie und Praxis, https://link.springer.com/book/10.1007/978-3-86226-910-5

Panel K., S. Bahçeci, 2005, Study of lipoxygenase and peroxidase as indicator enzymes in green beans: change of enzyme activity, ascorbic acid and chlorophylls during frozen storage.

By Brian C. Cronkm 2019, How to Use SPSS®: A Step-By-Step Guide to Analysis and Interpretation.

Mathematisch-Statistische Verfahren des Risikomanagements, www.wiwi.uni-frankfurt.de Diskriminanzanalyse (I) Diskriminanzanalyse

Bolarinwa, 2006, Technische Universität München Department für Lebensmittel und Ernährung Hochschuldozentur für Humanernährung und Krebsprävention Entwicklung einer HPLC-Methode zur Bestimmung ausgewählter Polyphenole und ihr Einsatz in Humanstudien Vollständiger Abdruck der von der Fakultät Wissenschaftszentrum Weihenstephan für Ernährung, Landnutzung und Umwelt der Technischen Universität München.

https://www.hindawi.com/journals/jchem/2014/542121/ Research Article

M. Liaudanskas, P Viškelis, V. Jakštas, R. Kviklys, at al., 2014, Application of an Optimized HPLC Method for the Detection of Various Phenolic Compounds in Apples from Lithuanian Cultivars ,Department of Pharmacognosy, Faculty of Pharmacy, Lithuanian University of Health Sciences.

BRAUSE, Woollard, Indyk, 2003, FOOD COMPOSITION AND ADDITIVES, Determination of Total Vitamin C in Fruit Juices and Related Products by Liquid Chromatography: Interlaboratory Study, Journal of AOAC International.

D.T. CONSTENLA, 1989, Thermophysical Properties of Clarified Apple Juice as a Function of Concentration and Temperature, Journal of Food Science.

Claßen, 2019, Review on the food technological potentials of gas hydrate technology

Baur,2008 Datenanalyse mit SPSS für Fortgeschrittene, Springer

Kathrin Kahle, 2008, Polyphenole aus Apfelsaft, Studien zur Verfügbarkeit im Humanstoffwechsel Dissertation zur Erlangung des naturwissenschaftlichen Doktorgrades der Julius-Maximilians-Universität Würzburg aus Bad Wildungen-Albertshausen Würzburg.

D. GOMIS,D. TAMAYO, B. VALLES, JUAN J. M. ALONSO, 2004, Detection of Apple Juice Concentrate in the Manufacture of Natural and Sparkling Cider by Means of HPLC Chemometric Sugar Analyses, Departamento de Quı´mica Fı´sica y Analı´tica, Facultad de Quı´mica, Universidad de Oviedo.

T. Knebel, 2015, Charakterisierung der wertgebenden Inhaltsstoffe von Apfelsaft aus rotfleischigen Äpfeln und Entwicklung innovativer Fruchtsäfte Dissertation zur Erlangung des Doktorgrades (Dr. rer. nat.) der Mathematisch-Naturwissenschaftlichen, Fakultät der Rheinischen Friedrich-Wilhelms-Universität Bonn

www.creative-enzymes.com/resource/spectrophotometric-enzyme-assays

K. Vieth, E. Enderle, M. Burkhard, 2009, Online Farbmessung mittels bildgebendem Spektrometer Fraunhofer Institut Informations- und Datenverarbeitung (IITB) , www.iitb.fraunhofer.de

Merck KGaA, 2019, Reflectoquant system for easy in-process monitoring and rapid QC analysis Frankfurter Strasse 250 64293 Darmstadt, Germany

L. Valencia-Flórez, T. Escobar, L. Latorre-Vásquez, D. Mejía-España & A. Hurtado- Benavides, 2019, Influence of storage conditions on the quality of two varieties of native potato (Solanum Tuberosum group phureja)• Facultad de Ingeniería Agroindustrial, Universidad de Nariño, Pasto, Colombia. lfvalenciaf@udenar.edu.co; dmtrejoe@udenar.edu.co,

Klaus Backhaus,2006, Multivariate Analysemethoden eine anwendungsorientierte Einführung. SpringerLink (Online service): SBN 978-3-540-29932-5.

Hemmerich, 2019, https://matheguru.com/stochastik/t-test.html

R. Kraft, 2000, Biometrische und Ökonometrische Methode Diskriminanzanalyse, TECHNISCHE UNIVERSITAT• MUNCHEN- WEIHENSTEPHAN MATHEMATIK UND STATISTIK INFORMATIONSZENTRUM WEIHENSTEPHAN

N Leech, K Barrett, GA Morgan, 2013, SPSS for intermediate statistics: Use and interpretation, content.taylorfrancis.com

D. Freelon, 2013, Ordinal, Interval, and Ratio Intercoder Reliability as a Web Service, American University School of Communication, Washington, DC, USA

http://jumbo.unimuenster.de/index.php?id=173